家有98歲大bb，近年患有認知障礙症。
努力學習照護中，並為將來做好準備。

相片鳴謝：656 照顧者好幫搜

我家有個大bb
Facebook專頁版主

我家有個大bb——時空旅人的伴遊

（隔代照顧者防撞板秘笈）

前言

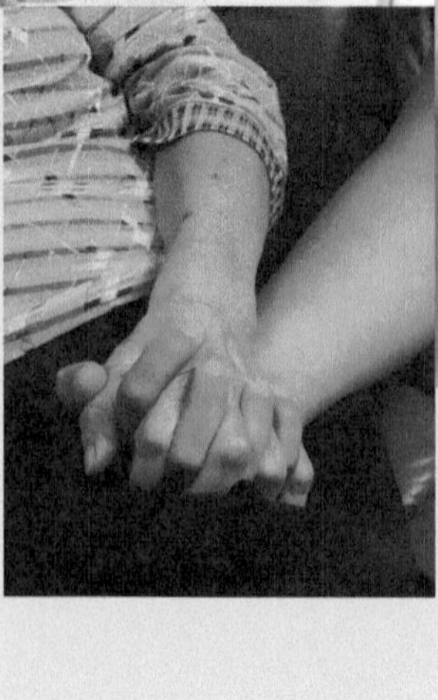

我的大 bb

「大 bb」這個暱稱源於我98歲患有中度認知障礙的婆婆，不知不覺中，她的性格和身體機能都變回小朋友一般。

某日，替她換尿片和清潔身體，當下感覺當然不良好，突然，一個強烈訊息從腦中冒出：我小時候，婆婆(大bb)也是這樣照顧我，亦沒有甚麼怨言，到現在她就好像是我的大bb，就換我來照顧她吧！

既然被照顧者的狀況不能逆轉和改變，作為照顧者的我們何不嘗試轉念一下，就算感覺不良好的都可以變成可愛，只因她是我所愛與生命中重要的人。

感恩被邀請用文字作出更詳細的分享，希望透過我們一家人照顧大bb的歷程和點滴，可以讓各同路人能夠產生共鳴與互相扶持！我們只是千萬個照顧者家庭其中的一個故事，所以這本書是屬於大家的。感恩有你同行！亦感謝我最愛的家人和每一位曾照顧大bb和我們的照護員及同工！

隔代照顧者 文文
2021 年 6 月

序

序

隔代照顧者

二零一七年採訪認知障礙症的日間訓練中心，訪問到非常有心的孫女：特地找一間在公司附近的中心，每天都會先把嫲嫲送到中心，然後再上班。「因為我是嫲嫲湊大的。」孫女解釋。

翌年在紀錄片拍攝計劃，遇到另一位孫女，紀錄了婆婆的晚年生活；然後澳門自資出版的《共老》，是孫女辭掉工作，特地照顧嫲嫲的最後一程……這幾年陸陸續續都遇上這些隔代照顧者，大銀去年也舉辦「29+1照顧者Carers Chat」，來了幾位年青的照顧者，本書作者文文正是其中一位。

負起照顧責任，因為關係緊密。曾經深入報導香港漸多祖父母，需要代替父母照顧孫子女，原因包括工作、離婚、特殊教育需要、甚至早年的雙非兒童。這些孫子女長大了，更為感激祖父母。

有些則是不得已：香港預期壽命全球最高，百歲長者的人數在十年內將會由今年約四千名增加到過萬，父母老了，子女也老了，第三代無法不參與形形式式的照顧工作。

在照顧者支援政策相對完善的澳洲，就有調查指出全國超過四份一的照顧者，年齡介乎二十五歲至四十四歲，而二十四歲以下的照顧者，主力照顧的有2.4%，協力照顧的達到13.6%。

這些相對年青的照顧者，由找尋醫護社福資源的方法，到如何平衡照顧與自我的想法，相信都會與目前社會所認知的照顧者，有所不同。

謝謝文文寫這本書，讓香港隔代照顧者的聲音被聽見。

陳曉蕾（大銀總監）

序

「聖雅各福群會 656照顧者好幫搜」的「好幫手」

認識文文是因為她是656第一屆大使，一直很感恩有文文與656同行，大家抱着相同的理念，一起開拓不同領域的服務及活動，與護老同路人分享、學習、交流。文文從656大使，進而成為656照顧者好幫搜顧問團隊的護老者代表，從服務發展的層面提供寶貴意見，令656平台更能回應護老者的需要。參與656活動之外，文文熱衷學習護老知識、關注和推動照顧者議題，是個活力十足、充滿幹勁、有承擔有理想的跨代照顧者。

我們發現愈來愈多年輕人以預備照顧者身分，學習護老知識，而好像文文一樣的跨代照顧者也愈來愈多。人口老化是大勢所趨，單靠政府服務，未必能完全切合護老者、長者需要。656照顧者好幫搜的出現，其中一個理念就是透過網上平台的知識分享及資源介紹，讓家中每個人都能發揮所長以照顧家中的老友記。護老的工作一點都不簡單，身心的付出並非一般人可以全然感受，因護老者既要兼顧護老工作又要處理個人生活需要，我們作為護老者網上平台，就是為新手照顧者、在職照顧者、跨代照顧者，以網上支援手法提供適時適切的同行互助。

在文文身上，我們體會到跨代照顧者在護老旅程中的重要角色 – 擅長運用網絡搜尋資訊和社區資源、開拓同路人圈子；在主力照顧者及長者之間，充當重要的好幫手，以減輕整個家庭的壓力和促進家人之間溝通的橋樑。文文最難能可貴的一個特質，是她的超強同理心 – 面對患有認知障礙症的婆婆「搣片」，她便想到親身試穿成人尿片，以第一身感受穿著尿片的不適，以尋找解決方案。

喜見文文在推動護老方面更進一步，出版「我家有個大bb – 時空旅人的伴遊」。希望預備照顧者、照顧者、畢業照顧者都可從文文的經驗中得到啟發，好好發揮自己力量，在不同崗位推動「老吾老，以及人之老」理念，一同愛護社區上的老友記。

蔡嘉儀
聖雅各福群會持續照顧服務高級經理

序

我家有個大BB

記得最初認識文文是由閱讀她分享關於測試成人紙尿褲的社交媒體帖文開始。文文與婆婆及父母同住，是家庭中主要的照顧者。因為婆婆患上腦退化症，文文四出尋找相關資訊，希望能給婆婆最好的照顧方案。這位年青的「隔代照顧者」不慌不忙，更親力親為「以身試老」。令我印象深刻的是，文文於該帖文分享了婆婆「撳片」的情況，她竟然親身穿上成人紙尿褲，用了13個小時，體驗市面上多款尿片並作出比較，給了很多其他的照顧者一些實用的參考。

在香港，照顧者所擔當的角色尤其重要。照顧者是一個職業、一個角色、一種態度。他們付出的是心思、時間和無盡的愛，為的是讓家人過着更有質素的晚年生活。我時常都會透過舉辦軟餐學堂與社區裏的照顧者接觸，聆聽他們的故事。大部分的照顧者在毫無準備的情況下毅然面對家人身體退化，加上目前照顧者資源較零散，他們都會感到既無助又擔憂。所以我也會經常和照顧者互相交流，尤其是吞嚥困難和煮食上的生活小貼士，希望能減輕他們的負擔，為我們的長輩帶來更有質素的生活選擇，共同推動健康老齡化。

文文的Facebook頻道「我家有個大BB」道出了很多家庭照顧者真實的心聲。透過親身體驗和屢次的「撞板」，文文建立了她的知識寶庫和資源網，也讓「腦退化症」變得更立體、更生活化，不再是一件「無藥可救」的事。

這本書正承載着文文於照顧「大BB」路途上各種學習成長，身歷其境的點點滴滴，不但為自己長輩建立積極正面的樂齡生活，更為無數照顧者燃起了曙光。這一本書也化身成為照顧腦退化症家人的照顧秘笈，為不少讀者分享了實用的心得，免得第一次面對腦退化症的照顧者走冤枉路！

文文的例子告訴我們，只要我們願意，所有人都可以照顧好我們身邊每一位「大BB」。或許看完這本書，你會和我一樣，在照顧長輩時換上另一個角度，為他們每天作出新的嘗試，而不需要害怕老齡化所帶給我們身邊長輩的改變。

Queenie Man 文慧妍
社企The Project Futurus 創辦人和軟餐俠

目錄

第一章

為化身時空旅人做好準備

患有認知障礙症就像是一個時空旅人，帶著身邊人穿梭於不同的時空領域，現實和幻想交錯，時大時細，時真時假，既然不能逆轉，作為照顧者可想像自己是這位可愛旅人的知心伴遊和後備腦袋，一起展開一個奇幻旅程……但踏上旅程前，以下的事情，是你需要知道的：

認知障礙症在香港的背景

認識認知障礙症

認知障礙症並非正常老化現象，而是因患者的腦細胞出現病變而急劇退化及死亡，導致腦功能衰退。患者的認知能力會逐漸喪失，包括記憶、語言、視覺空間判斷、執行、計算和決策等等能力，以致影響日常生活、行為及情緒。
(*資料來源：香港認知障礙症協會)

香港認知障礙症患者情況

根據世衞及香港認知障礙症協會資料，現時：

- 全球有超過 5000 萬人患有認知障礙症，預計 2050 年將會激增三倍
- 每 3 秒便有 1 人確診認知障礙症
- *本港每 10 名 70 歲或以上長者便有 1 名患者，85 歲以上患病比率更高達三分一*
- 全球超過五成以上照顧者表示，因承擔照顧患者責任而影響個人健康

近日得知，不少照顧者因壓力及欠缺支援問題，導致壓力爆煲，甚至發生家庭慘劇，因此，作為千萬位照顧者其中一員，除透過社交媒體分享照顧路上的點滴和新發現外，亦希望透過分享與同路人一起交流，互相扶持。

照顧者 Lifecycle

隨着老友記的認知和身體機能不斷地轉變，擔當照顧者過程中，需清楚了解自己正處於甚麼處境和狀態，繼而不停地學習和尋找適當支援，以減輕自己的身心負擔。

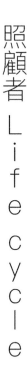

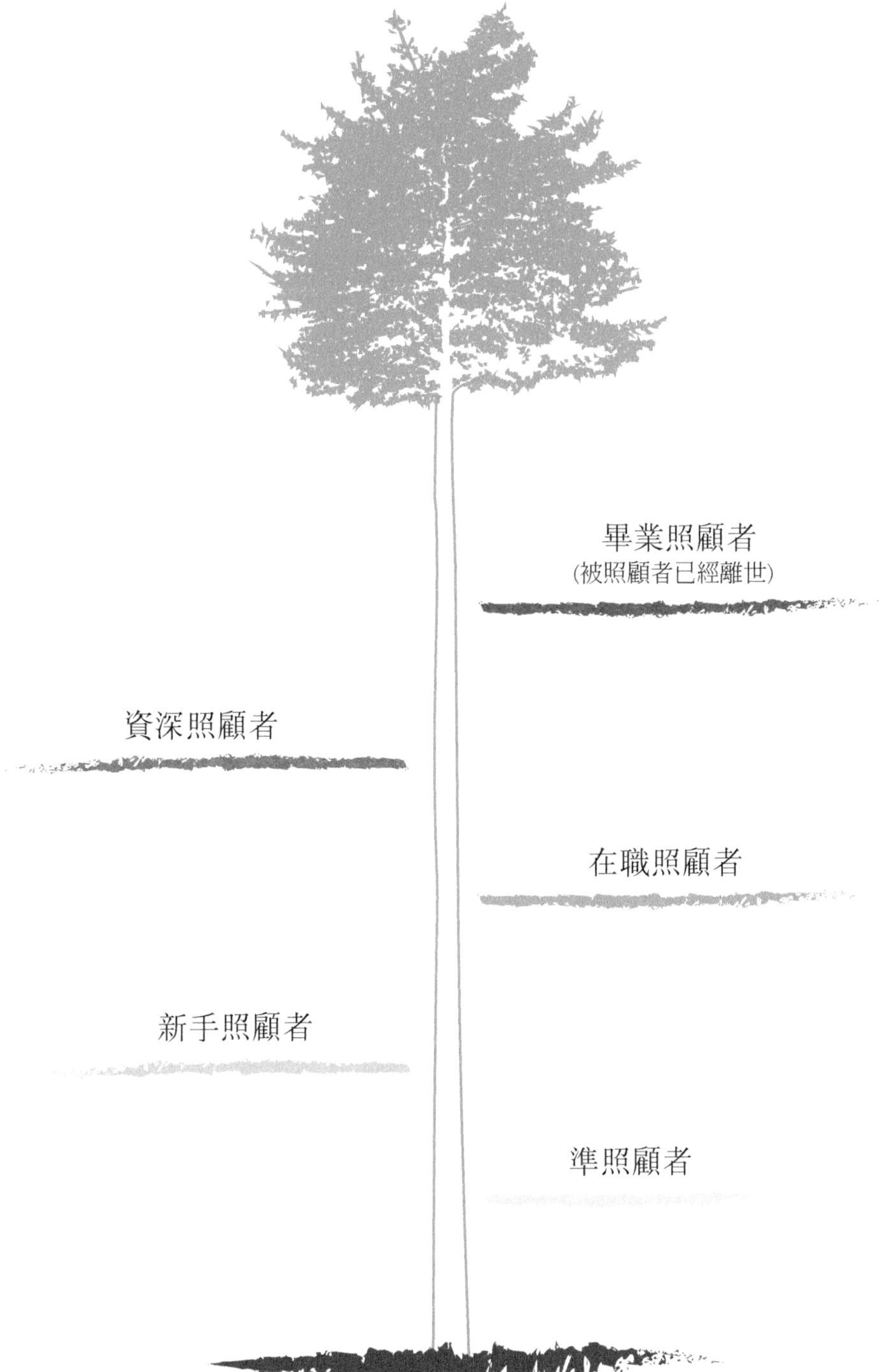
畢業照顧者
(被照顧者已經離世)
資深照顧者
在職照顧者
新手照顧者
準照顧者

學習護老準備

香港人口老化問題日趨嚴重，自2016年起已成為全球男女最長壽地區的No.1，日本厚生勞動省於2019發表全球平均壽命的統計報告，香港以男性平均壽命82.17歲、女性平均壽命87.56歲，連續四年居首位，但在本港的傳統教育和個人成長中，並沒有教導我們如何面對人口老化問題，甚至準備成為照顧者，我們往往在身心和財政還未準備好的情況下，家中老友記的健康已不知不覺變差，面對患者漸漸失去記憶及身體機能衰退，家人和照顧者都不知如何面對和處理，又或者根本不知道已發生狀況，以為是正常老化，耽誤了最佳的診斷和延緩退化的階段。

輪候政府和社區服務需要一段很長的時間(一般2至5年不等)，私人院舍服務質素和收費亦非常參差。因此，準照顧者的學習和準備階段十分重要！知道家人出狀況後，建議儘早介入和做評估，繼而製訂照顧計劃，並安排執行細節。

第二章

有關大bb

時空旅人

2018年某日，一家人和大bb上完茶樓，回到家裏，我回房間工作，一個多小時後到客廳，大bb看見我，說：「起床啦？和你上茶樓！」當時覺得不對勁，剛剛才吃完飯沒多久，大bb好像完全忘記了。她以前也有沒記性的時候，我們並沒放在心上，但這次時空錯亂，對於飽肚的認知也出了亂子，是時候要了解一下了！和父母商量後，開始上網做資料搜集，了解她的身體發生了何事，最後，我們懷疑婆婆是患上了認知障礙症。

十年前的意外

回想10年前，大bb曾發生一次較嚴重的意外，當年80多歲仍活動自如的她，進入地鐵車廂，意外被車門夾到，失去平衡，整個人向後跌倒，頭先着地，當場昏迷。送院後經過搶救，醫生說大bb腦部積血導致昏迷，我們要有心理準備她未必可以甦醒，就算甦醒，康復後身體機能亦有機會大受影響。

因大bb年紀較大，不想她受苦，一家人商量後，決定不為她安排做開腦除瘀血手術，一切交由上天安排。沒想到大bb福大命大，沒動手術，幾個月後瘀血居然自然地被吸收了！且漸漸康復。當年這場意外是否令大bb腦部受損，導致日後出現認知障礙？這個我們就不得而知了。

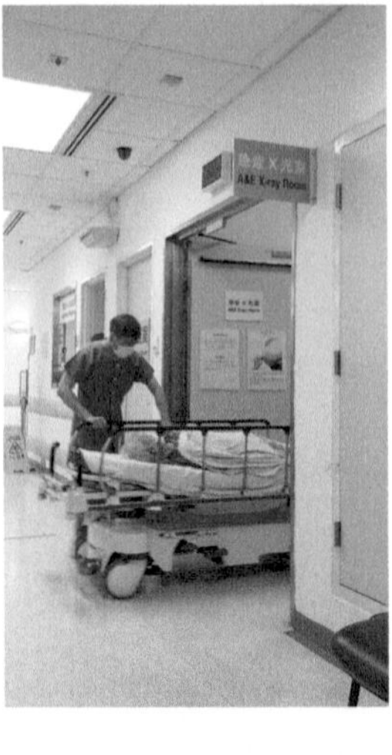

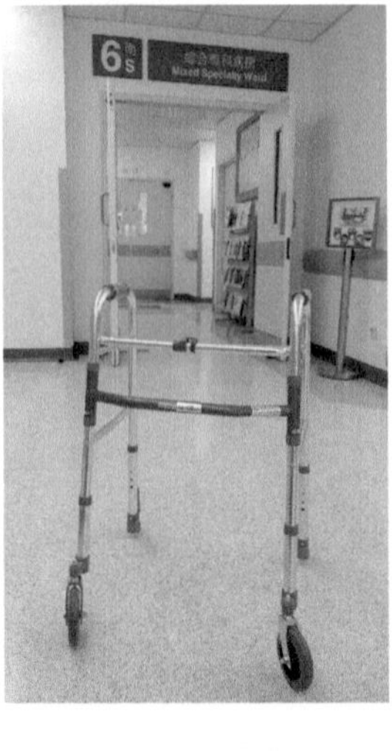

懷疑大bb有機會患上認知障礙後，因為不了解這個疾病，唯有不停上網找資料，從不同的網上資訊平台中增加了知識，繼而參加各機構舉辦的照顧者工作坊和聚會，希望可以在每一位同路人身上多了解這個疾病。

不能逆轉 與時間競賽

我認識到認知障礙症並不能逆轉，身體機能也有機會在短期內急降，內心很徬徨，有很多問號，如發生狀況急降，我們一家如何面對？準備好了沒有？一位前輩照顧者曾分享經驗，他們一家花了整整三年時間，才確認家中長老患上了認知障礙症，在不清不楚的三年間，發生了很多誤解、拗撬和不如意的事，大家身心和情緒都受盡折磨，該位前輩照顧者曾因壓力爆煲，甚至想過自殺......以上一切一切，並不是我們所想和所能控制的，無奈現今醫學還未有辦法可以將病況逆轉，我們應該如何處理呢？這疑問驅使我繼續向前輩們學習，在不同的機構和團體中尋找支援及資訊，希望可以和時間競賽，延緩大bb身體機能衰退情況。

換我來照顧您

小時候，父母全職工作，當年未流行僱用家傭姐姐，同住的婆婆(大bb)和公公就成為了我的照顧者。小學階段，他們照顧我的日常起居生活、學校接送、生病時看醫生等等，無微不至。每當我頑皮而面對懲罰時，大bb和公公永遠是我最強的守護天使，直至我14歲出國留學為止。

成長後，主要由父母照顧大bb，我則忙於拼搏事業和料理自己的生活。幾年前，父母不太了解大bb的認知障礙行為，也不太懂得處理，大家難免發生一些小磨擦，也有不愉快的時候，剛好我辭退了全職工作，開始以自由工作者身份營生，在家工作時間多了，眼見家人因誤解而不和，我常常充當和事佬，家中各人都疼惜我，我的勸說他們都願意聽，也願意回到溝通的路上。

現在，父母年紀大了，加上近期疫症肆虐，除搜尋資訊、護理和安排服務外，我亦成為了陪診和替假照顧者，希望減少父母到醫院的次數和受感染的風險。所以不知不覺中我便擔起了照顧者的角色，也是時候要分擔責任，換我去照顧家裏幾位長老了！

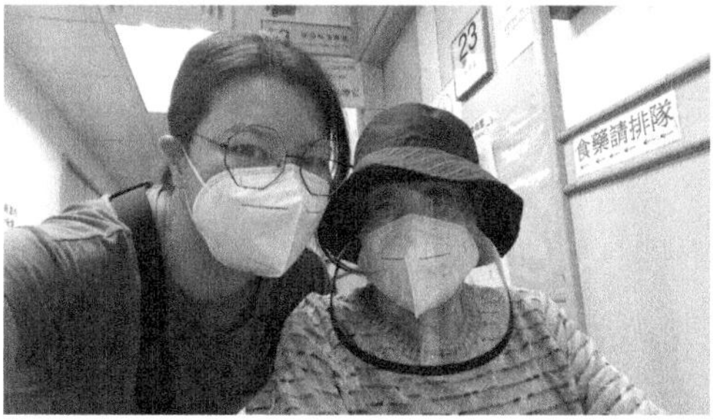

第三章

撞板

突如其來的意外 — 你準備好未？

和很多新手照顧者一樣，我們一家人很多知識都不懂，又不知道應該去哪裏尋找支援。雖然網上資訊很多，但很雜亂。申請服務方面，也沒有一個一條龍的方案，我們不知道如何按步就班去提交申請。

過去幾年花了不少時間和心力來做資料搜集、參加照顧者工作坊和支援群組的工作，當中得着很多，也跌跌碰碰撞板不少！在這裏想和大家分享一些親身的經驗與體會，希望可以讓大家多了解如何照顧認知障礙患者，避免走冤枉路。在護老方面，不同階段的老友記都會有機會出現不同的狀況，所以我們抱着一個不停學習的開放態度與希望，和各同路人多些交流與分享，互相扶持。

上文提及10年前大bb發生了一個較為嚴重的意外，感恩她沒有動手術也能漸漸康復。回想起，大bb雖然甦醒過來，但頓時失去了自理能力，包括走路、吃飯、洗澡等日常技能，需要別人協助。

脫離危險期後，大bb由醫院轉到療養院，再由療養院搬到安老院暫托，前後大半年，我們不懂如何照料她，當年也沒有「回家易」這類離院支援服務。當時的家傭姐姐亦較為年長和體型細小，未完全適應照顧大bb的需要。

居家安老向來是我們家的意願與首選，我們需要改善家居設施，並安排聘請一位較年輕的家傭，以接替當時還有一年榮休的姐姐。此外，我們亦決定搬屋，好讓大bb返家後有一個更理想的生活空間，方便她進行復康項目。

(後記：籌備這本書期間，大bb又再次跌倒入院(一年內第三次)！今次意外更導致大髀骨骨折，要動手術。醫生提醒我們，老友記跌倒是身體機能衰退的警號，需要正視和處理。

幸好過往幾年，自己在護老方面下了不少功夫做資料搜集，認真學習，與醫生和親友討論是否動手術期間，以及後來在整個復康過程中，也不至於太過徬徨，因為已經知道應該向那些專業團隊尋求協助，也懂得如何申請支援，這很重要，因為可以縮短康復的過程。慶幸我們一家人有商有量，互相補位，感恩。)

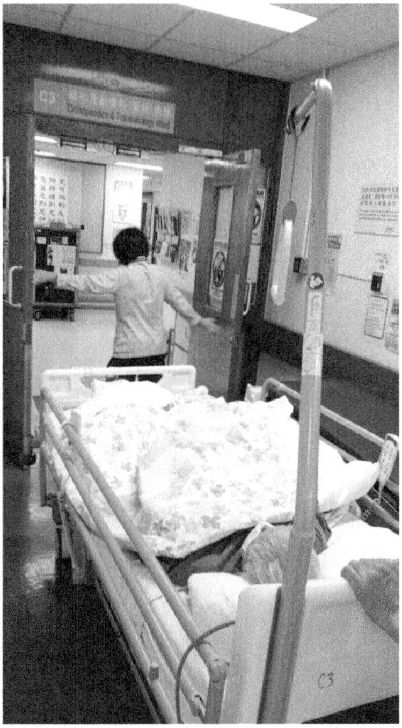

「回家易」離院復康計劃　　出院家居支援一覽表

評估——行家？

長者中心的職員為大bb做簡單評估後，懷疑她患上認知障礙症，介紹我們參加社署舉辦的認知障礙遊戲小組，為大bb提供一些社交和認知訓練。

幾個月後，我一直很好奇大bb屬於認知障礙症哪一個程度，於是在一次恆常老人科覆診時，向醫生查詢，他轉介大bb到社區健康中心進行詳細評估。

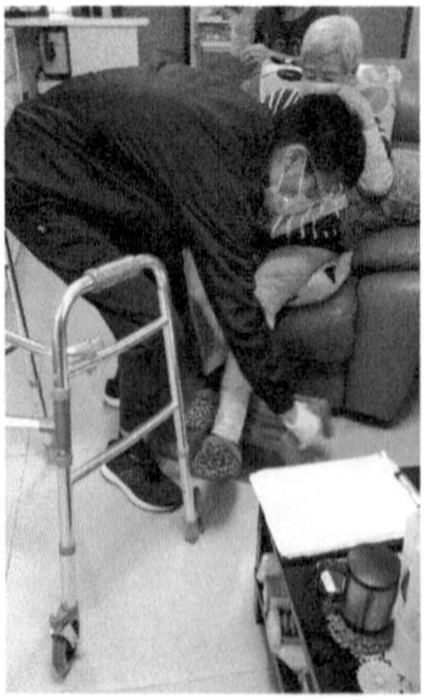

大bb接受幾次評估會面，我和爸爸都陪伴在側，為職業治療師提供一些大bb生活的狀況，也向他請教家居訓練的方法。由於我曾在網上搜集不少資料，會面期間和職業治療師溝通夾雜一些專業術語，他竟然問我：「這些事妳都很熟悉，是不是行家?」我微笑回答：「我不是行家，只是一個甚麼都不懂，但又很想多了解的隔代照顧者。」後來得悉，職業治療師除了可以幫忙進行認知障礙評估外，在復康訓練階段，也可以提供很多輔助儀器，以及有關家居安全的建議。

甚麼是職業治療？
職業治療學生大使製作了這短片，
目的是向大眾介紹甚麼是職業治療。

申請服務——遊花園

評估報告終於出來了！大bb被確診為中度認知障礙，我們還以為她只屬輕度。醫生詢問我們需要甚麼服務，我說希望為她申請日間中心，醫生寫紙轉介我們到另一間醫院向醫務社工申請。我對於這個安排有保留，醫務社工一般都工作繁忙，我們不算危急傷亡個案，若按緊急程度排隊，豈不是要等很長一段時間？

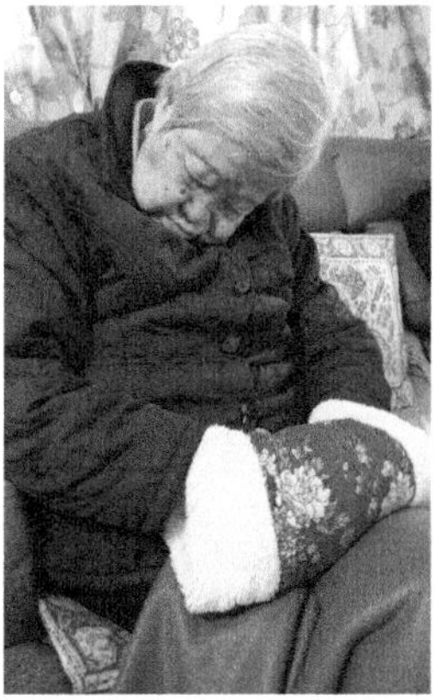

由於擔心上述情況出現，我們沒有前往醫院尋找醫務社工，後來聯絡大bb經常到訪的長者中心，和職員提起評估結果，並向她訴說我們心中的憂慮，她告訴我長者中心其實有一位專責做長者社區服務申請的社工，屬於社署撥款的職位，可以隨時和這位社工聯絡。聽後，我第一個反應是：「為甚麼不早些告訴我？早些知道這資訊，我們就可免除憂慮，也不用浪費時間！」後來發現，原來我們常到訪的長者中心就是我們區的地區中心，這資訊對所有照顧者都很重要，因為一切服務都必須經地區中心申請。

656護老小貼士
5分鐘學會尋找社工

評估及服務申請

由進行認知障礙評估，找社工提交申請，以至正式使用日間中心，一般而言，整個過程需時最少一年半，我們一家非常幸運，大概只花了一年時間，原因相信是我們區同時期有兩所日間中心啟用，加上疫症，很多家庭寧願留老友記在家裏，輪候人數相比以前少了，結果竟然有兩所政府津助日間中心供我們選擇，簡直是中大獎一樣！我們考慮到其中一所中心兼具護養院功能，代表該處的復康和醫護人手安排應該更加充裕，服務應該更完備，所以最後揀選了它。

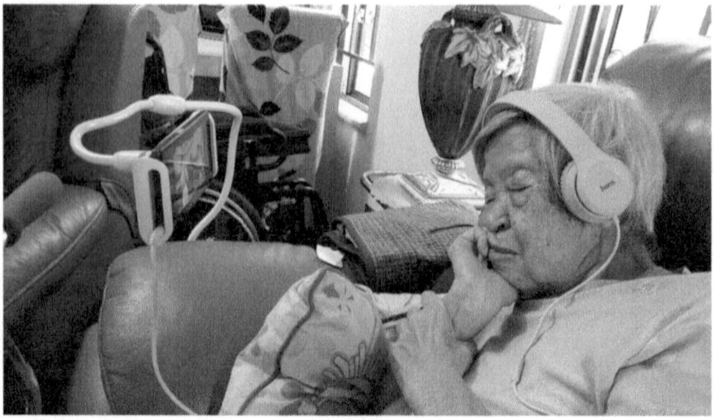

由評估到申請服務時序：

2019 年 1 月 – 長者中心初步評估
2019 年 2 月 – 開始參加認知障礙遊戲小組
2019 年 6 月 – 做 MOCA 評估
2019 年 10 月 – 確診中度認知障礙，轉介到醫務社工跟進
2019 年 10 月 – 地區中心申請日間中心服務
2019 年 10 月 – 社署社工家訪與評估
2020 年 2 月 – 日間中心 #1 offer
2020 年 5 月 – 日間中心 #2 offer
2020 年 6 月 – 開始使用日間中心

其實坊間還有很多提供初步評估與支援的機構，大家可以聯絡他們了解一下。

香港認知障礙症協會
早期認知檢測服務

「與耆同行」
腦退化症支援計劃

耆智園
長者認知退化問卷

高錕腦伴同行流動車服務

高錕腦伴同行流動車服務
網上視像檢查

「智」享生活計劃

家居設備｜準備好未？

10年前大bb出院後，我們的家居設施尚未適合照顧失去自理能力的大bb，不知道哪裏可以尋求支援，只好送大bb到護老院住上一段日子。差不多大半年後，家裏一切準備就緒，才接她回家。

近年，社會上已有不同機構推出 「回家易離院支援計劃」和「樂齡科技復康產品租賃服務」，讓被照顧者在剛離院階段慢慢適應生活，並進行復康訓練，使他們能早日重返社區，居家安老。另一方面，服務也讓照顧者做足準備，減輕壓力和負擔。老友記出院前，大家可以向醫務社工查詢，了解詳情，並安排申請事宜。

復康設備租借服務

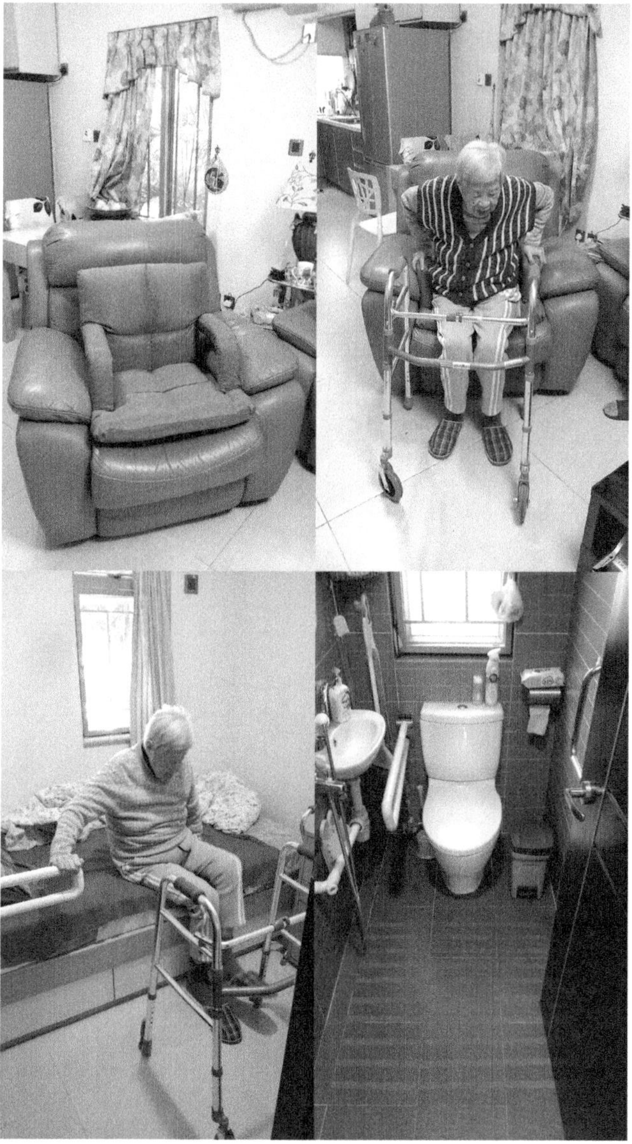

針對性治療及訓練

大bb幾個月前跌倒入醫院期間，我發現原來醫院可以安排職業治療師上門，進行家居安全評估和建議，其實一般人都不了解，職業治療師的職務可以提供這樣的服務。但後來因為我們家的廁所已安裝扶手，也有家傭姐姐照顧大bb，所以負責的職業治療師認為我們已不需要這項外展服務了。不過，我始終覺得職業治療師上門評估是十分重要的，這也是我們之前一直渴望得到的服務。在意外發生前，如果我們已得到職業治療師上門評估及安裝了他建議的設施，也許大bb就不會在家跌倒了！

我之前不知道醫院會提供這項服務，如果在坊間選購自費的服務大概需要港幣一千元，這價錢對普羅大眾來說實在有點昂貴，所以，如果我們不認識這項服務或是不懂得爭取，就會錯失了獲取這個服務的機會。

信義會–「本地薑」
華文創智系列 II

合適的訓練工具

疫症期間，我們減少使用日間中心，為了保持訓練，我下載一些健腦Apps給大bb在家玩，怎料這些遊戲對一位98歲的老人家而言，挑戰實在太大！玩了幾下就覺得挫敗，鬧情緒不願繼續玩，所以新科技這東西，可能只適合較年輕與精靈的老友記，我們大bb還是做傳統的訓練好了，例如摘芽菜、數硬幣和寫大字等等。

另外，市面上提供給照顧者的護老訓練，一般在星期一至五辦公時間內舉行，這時段對在職照顧者而言很難配合參加（非常可惜）。疫症期間，反而增加了網上和錄影版本的工作坊，在職者才有機會參與部分工作坊。希望相關機構日後能多採用這種方式，把課堂內容整理上傳至互聯網，方便大家隨時學習，這樣將會使更多在職照顧者受益！

最近找到一些本地創作的健腦訓練習作，很適合大bb作為健腦訓練用途，以前市面找不到這類練習，唯有使用寫給幼稚園生或小學生的習作本，但有些老友記未必喜歡使用這些小朋友習作，他們會覺得自己不受尊重。

大銀 – 健腦遊戲資源

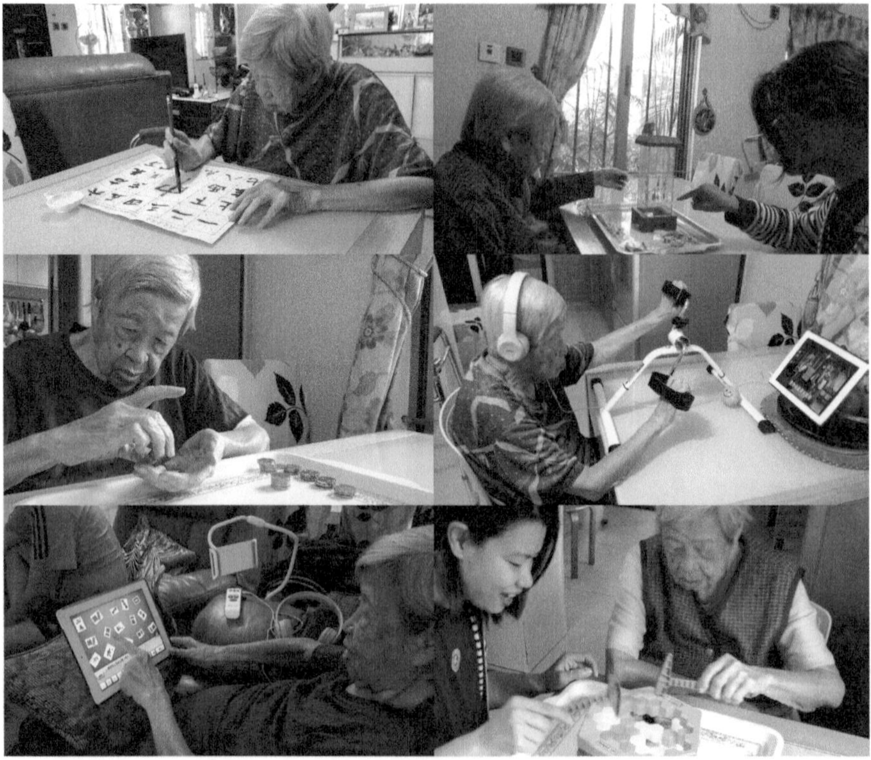

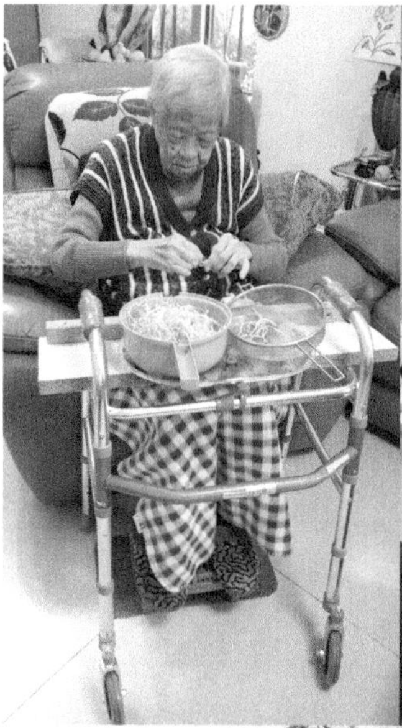

情緒支援——家傭姐姐：我不知道為甚麼婆婆發脾氣

曾經和家傭姐姐分享認知障礙症的知識，讓她明白婆婆身體機能發生了甚麼變化。她突然眼濕濕，受委屈地說：「我還以為自己做錯了甚麼事令婆婆不開心...... 現在才知道原來是她的認知障礙病徵。」

家傭姐姐是照顧者的超級好幫手，亦是被照顧者的貼身照顧者，但很多時候，僱主並未將老友記發生的事和家傭姐姐分享，沒有和她們一起討論大家將要面對的狀況。我們一家人一向覺得在職培訓很重要，所以一定和姐姐分享有用的資訊，在照顧大bb的過程中，大家有商有量，互相幫忙。姐姐是照顧和觀察患者最多的人，她們才是最貼身的照顧者。

溝通的藝術——告訴你多少次了？還是不記得？

老友記患上認知障礙症後，他們的記憶在家人不知不覺中慢慢消失，生活上很多細微的習慣都會忘記，如果身邊人不明白又不體諒，只用怪責口吻斥罵：「告訴你多少次了？ 還是不記得？ 」被照顧者根本不記得發生了甚麼事，只感無奈和無所適從。這時候，照顧者就可以化身成為他們的後備腦袋，耐心地重覆作出溫馨提示，對患者而言，每一次提示都是第一次的提示。

第四章

照顧者學堂

（部分中度認知障礙患者的症狀）

我是你的後備腦袋

當家人患上認知障礙症，基於對他們的愛，很多時候照顧者過份保護他們，為被照顧者處理所有事情。一位國際知名的認知障礙權威學者(Ms. Kate Swaffer, CEO of Dementia Alliance International)曾經分享自己感受，她也是一位早期認知障礙患者，認為自己仍有能力處理不少事情，除非出現必要情況，身邊人才介入成為她的後備腦袋，除此之外，其他事就讓她自己慢慢處理。

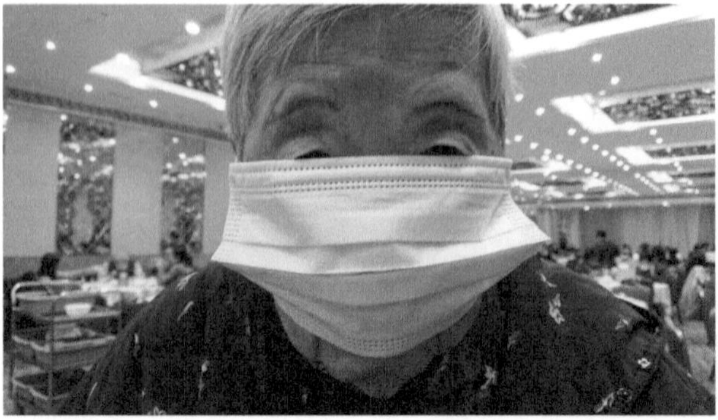

時空錯亂

老友記容易尿頻，夜晚經常起床上廁所，大bb自己上完廁所後，順便會刷牙與洗面。我曾經觀察她，一晚刷四次牙，跟着坐下來等待吃早餐，不管窗外還是漆黑一片。

我們每次都指向時鐘和窗外，向大bb解釋天還未亮，然後很有耐性地安撫她再度入睡。有好幾次，她堅持不願睡覺，要看電視。我擔心她回房不睡覺，再起來又跌倒，只好陪她看一會兒電視。

我經常提醒自己和家人，不要讓她睡午覺睡得太久，影響晚上的睡眠質素。後來發現，為老友記制定一個有規律的作息時間表，可以減少混淆，十分有用。

以下和大家分享大bb的時間表：

時間	活動內容（返日間中心日）	活動內容（一般日子）
07:00	起床 / 上廁所 / 刷牙 / 梳洗 / 更衣	起床 / 上廁所 / 刷牙 / 梳洗 / 更衣
07:30	早餐	早餐
08:00	看電視	晨運散步
09:15	出門乘車	看電視 / 認知訓練 / 肢體活動
09:30	返日間中心	
09:45	茶點	
10:00	認知訓練 / 肢體活動	茶點
11:30	午餐	看電視 / 認知訓練 / 肢體活動
12:30	認知訓練 / 肢體活動	午餐
14:00	下午茶	午睡
15:00	乘車回家	
15:15	小休 / 沖涼	散步
15:30	午睡	下午茶
17:00	看電視	看電視 / 認知訓練 / 肢體活動
18:30	晚飯	晚飯
19:00	看電視 / 聊天	看電視 / 聊天
20:00	上廁所 / 刷牙 / 梳洗 / 更衣	上廁所 / 刷牙 / 梳洗 / 更衣
20:20	睡覺	睡覺

偷吃

吃是大bb最大的樂趣，剛巧廚房位於她往返睡房和廁所必經之路上，她經常發現「寶藏」。大bb已經到達不覺得飽的狀況，她不記得自己吃過東西，很容易吃過量，為保障她的健康，我們藏起食物，甚至鎖上雪櫃。有時候大bb偷吃被逮到，她會楚楚可憐地說：「我未吃過，所以想試一下。」聽到這孩子氣的回答，實在讓人啼笑皆非。轉念一想，她能吃，也絕對是一個福氣。（早前她又偷吃，被我們發現時心虛閃避，失去平衡跌倒，真是給她氣壞。）

無限Loop

每天早上出門，無論甚麼天氣，大bb都會對我說同一番話：「下雨呀！記得帶雨傘啊！」又或是不停問：「找不找得到XX呀？」、「記得要XX寄XX給我啊！」從學習中認識到認知障礙老友記不停追問同一個問題，或不斷重提同一件事情，有兩個可能原因，其一是他自己不記得已經問過，其次是這件事情在他潛意識中相當重要，所以不停重複。雖然比較煩擾，但作為照顧者的我們沒需要為此和他爭吵，只需要每一次都當作是第一次聽聞，然後簡單回應，再轉移他的視線就OK了。

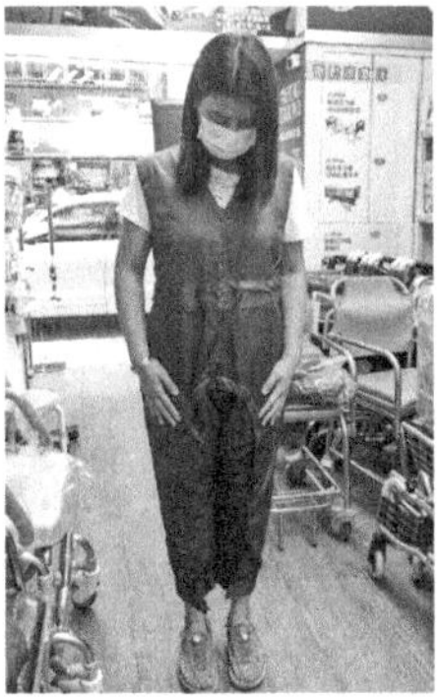

「搣片」

（自行脫掉尿片）

某個階段，大bb半夜有「搣片」的壞習慣，問她為甚麼這樣做，她表示不舒服，卻未能表達甚麼地方不舒服。我毫無頭緒，唯有親身試用家裏所有失禁護理產品，整日整夜體驗大bb所謂的不舒服。

不講不知，尿片沾濕後，吸水珠珠就脹大，尿片變重，使用者感覺有物件頂着皮膚，走動時十分不自在，很不舒服；「褲仔」(片褲) 質地薄，較輕，感覺尚好，但價錢實在不便宜。

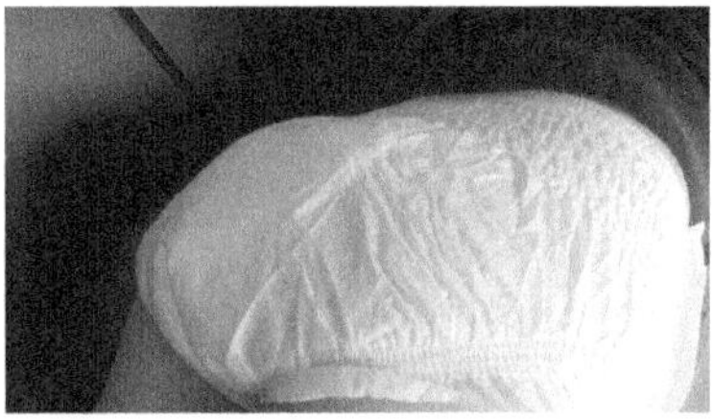

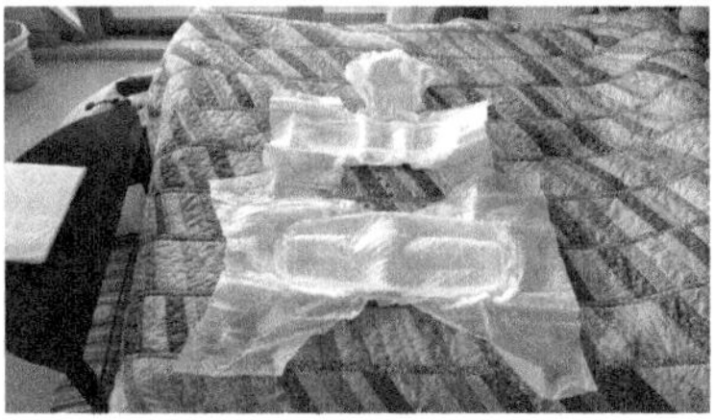

我們也曾搜尋市面上一些防「搣片」產品，最終找到的都是一些約束手套和束衣，當然我們不採用這種約束方法，不過要儘快正視並解決問題，家傭姐姐每天早上都要替大 bb 大清洗，還要洗被鋪，身心已非常疲累，我一定要找到解決辦法……

當然，親身試用尿片，開始的時候真的要衝破一個很大的心理關口，幸好得到另一位同樣是照顧者的好朋友鼓勵，下定決心各自為我們家的老友記試用家裏所有失禁護理產品，然後大家交流經驗與心得。

失禁護理產品五花八門，有尿片、片褲、片芯、床墊、濕紙巾、「Pat Pat 膏」等，種類繁多，還分不同吸濕量、尺碼、日用裝、夜用裝，產地也有不同，價錢亦有高低。作為一個精明的照顧者，需要到處去格價，試用不同的組合，務求令老友記感覺較為舒服自在。

當然，我們並不希望大bb全日依賴尿片，所以也要安排時間進行如廁訓練(Toilet Train)，每相隔一個多小時，就耐心鼓勵她，並協助她上廁所，讓她知道尿片只是不時之需的輔助品。

試用完畢，和家傭姐姐一起研究，終於摸索出一個方法，讓大bb感覺比較自在，她暫時已停止了「搣片」習慣，感恩。至此以後，家傭姐姐幫忙紀錄大bb使用尿片情況，了解每日用量和失禁狀況，發現問題時可以儘早解決。

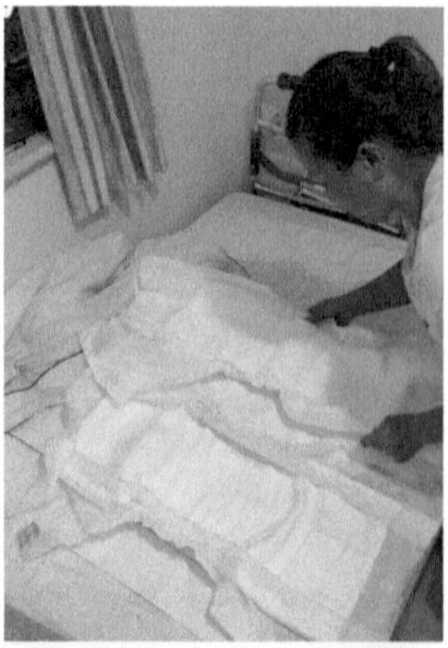

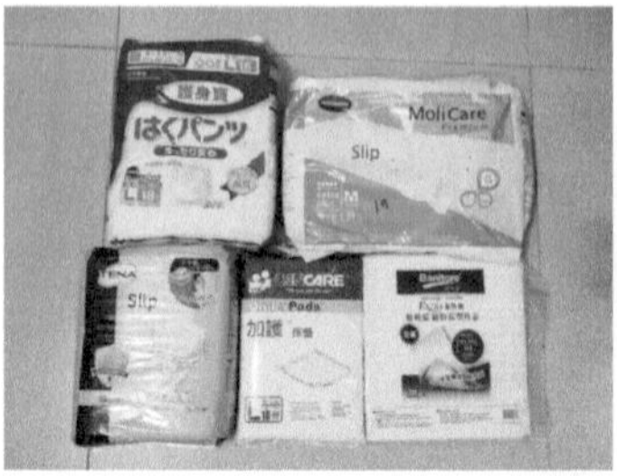

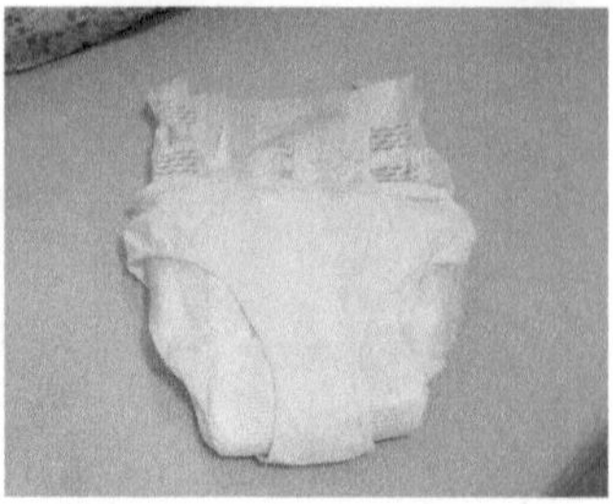

迷路

患上認知障礙症的老友記有機會迷路失蹤，慶幸大bb從未試過走失，一方面她走得比較慢，另一方面我們家裝有防盜警報器，門一打開來，就能感應有人出了門。曾聽同路人分享，大門附近可以安裝一個可錄音的感應門鐘，用老友記最熟悉的家人聲音錄下溫馨提示，例如「媽媽我今晚回來吃飯，你在家等我。」老友記聽見，有機會減低獨自出門，一個人在外面遊走的機會。

現時各相關機構已推出不同的防走失小工具與智能科技，如察覺老友記有機會走失，可預先安排使用，防止悲劇發生。同樣地，如果在街上見到感覺無助的老友記，我們可以主動上前了解和協助，如果發現他迷路走失了，可以通知有關部門，幫助他儘早與家人團聚。

友里蹤跡社區計劃

長者安居協會
一線通守護服務

九巴「尋人啟示功能」

香港中文大學賽馬會
骨質疏鬆預防及治療中心

大銀 – 居家運動資源

大bb做運動

查看紀錄，原來過去一年，大bb曾在家跌倒三次，其中兩次入醫院掛急症，最近一次甚至因骨折而動了手術。

老友記跌倒，大多數因為身體機能衰退或家居安全措施不足，骨質疏鬆更大大提高骨折的機會。髖骨骨折手術後首年，大概有20%患者因各種併發症死亡。大bb高齡跌倒而動手術，實在令人非常擔憂。

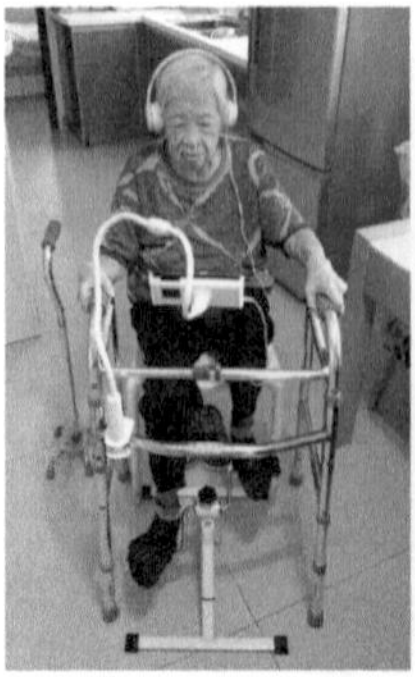

一方面擔心手術後出現各種狀況，又怕麻醉藥影響她的認知功能。決定是否同意進行手術前，和醫生了解風險，跌到是老友記身體機能衰退的警號，絕對需要正視，選擇動手術是因為唯有這樣才能減輕大bb因骨折引起的痛苦，也能接續展開復康訓練，學習回復正常生活。

不過，直至大BB跌倒入院後，我才發現醫院其實可以安排職業治療師上門提供家居安全評估和建議，收費只是數十元，亦有機構提供骨質疏鬆檢查與教育講座，這些服務很實用，很可惜，知道的人不是太多 。 其實要做一個不倒翁，除了勤力做運動，加強老友記腳骨力外，家居安全設施也很重要！

囤積廁紙

不知何時開始，大bb養成了囤積廁紙的怪癖。她每次上完廁所，或路過看見紙巾都會拔走幾張，然後井井有條地摺好，放進褲袋和口袋。高峰期發現一個袋裏面藏有30疊廁紙，問大bb為甚麼收起這些廁紙，她又答不出來。

後來，從另外一位前輩照顧者口中認識到，老友記出現囤積廁紙的行為，有可能基於欠缺安全感，不過，我們一家倒覺得這個小小怪習慣無傷大雅，發現這些收藏品，也只是和她開個玩笑，然後偷偷收起廁紙，讓大bb沒這麼容易再取得到。

另一個大bb的習慣就是上完廁所後，在鏡前整理自己儀容，並同時摺廁紙，幾個月前跌倒，引致腰骨痛，不能久站，所以有一段短時間，大bb沒有摺廁紙這個怪習慣，我和家傭姐姐說笑，大bb康復的指標，就是觀察她甚麼時候回復摺廁紙這個習慣，這也代表他已有力量站在廁所裏慢慢摺廁紙，幸運地，這個指標不到兩個月就達成了。

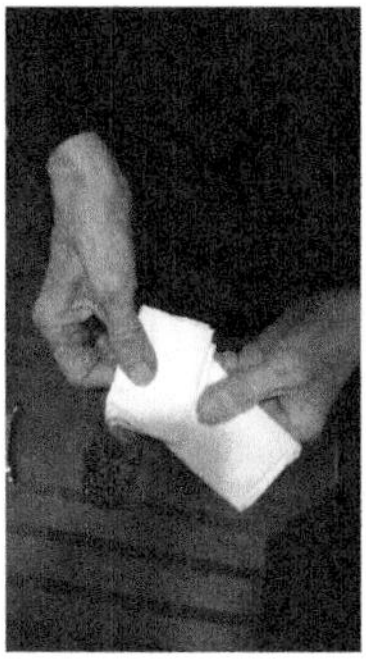

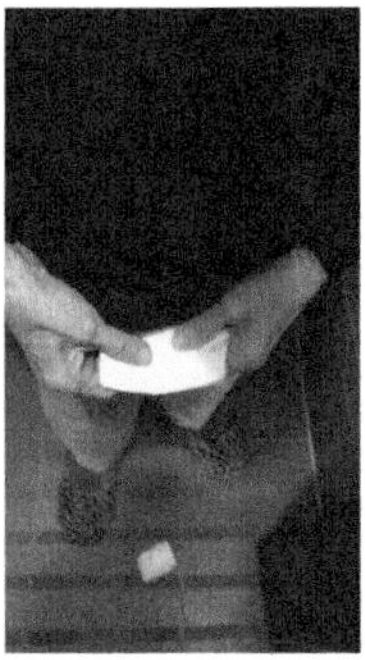

吞嚥困難

早前大bb進食時，偶爾也會「濁親」（嗆咳），吃飯途中突然「起痰」，然後吐出大半碗分泌物，人變得呆滯，不願意繼續進食。大bb超級饞嘴，不願吃東西是一個很不尋常的現象，我們非常擔心。

搞不清楚原因，我到處詢問別人，最後在照顧者chat group裏，得到一位前輩提點，說可以尋找言語治療師。我以為言語治療師是關於說話方面的專家，原來吞嚥也是他們服務的範疇。上網搜尋資料，發現自己太孤陋寡聞，言語治療這門學問不限於名稱指涉的範圍，出現吞嚥困難也可向言語治療師尋求協助。

不久後，大bb按時到老人科覆診，向醫生講述她的狀況後，他轉介我們約見言語治療師。大bb完成了初步檢查，言語治療師認為她並沒有大礙，只需要將食物剪細，盡量令她不要吃太快，也避免混合不同質地食物，就應該沒問題，暫時未需要轉吃軟餐。

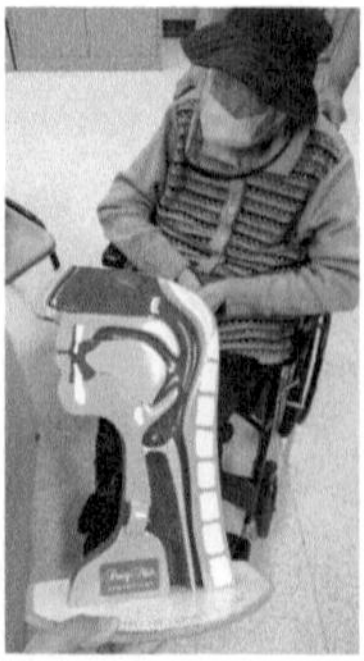

軟餐俠一站式吞嚥飲食營養資訊平台，為吞嚥困難人士提供最新的健康及飲食資訊，包括軟餐食譜、軟餐班、軟餐到會等，讓長者及吞嚥困難患者都能重拾飲食的樂趣！

香港理工大學 言語治療所
吞嚥困難

軟餐俠

不過，接連幾個月，上述情況仍陸續出現，老爸在網上看到一文章，講解老友記咽喉退化之後，一邊進食，一邊喝水，有機會「濁親」。於是，我們嘗試用餐時間不讓大bb同時喝水。

後來，發現復康用品店出售一款供老友記喝水的專用杯，由日本研發，杯心呈漏斗型設計，飲水時不需要抬高頭，避免氣管收縮引致「濁親」。日本的護老與樂齡科技產品設計非常貼心，而且實用。

雖然大bb還未需要吃軟餐，但早前很幸運有機會認識到軟餐俠團隊，讓我了解多一些有關吞嚥困難的知識，也讓我學習到怎樣弄軟餐，讓有吞嚥困難的老友記可以有尊嚴地進食，也可以重拾食物的味道。

鬧情緒

患有認知障礙症的老友記常常突然堅持一些沒理由的事，令照顧者很頭痛，例如大bb有時會「扭計」不願意洗澡，家傭姐姐曾經為了盡快完成工作，用她自己的方法為大bb洗澡，往往會出現反效果，大bb因此大發脾氣，姐姐就以為是自己做得不好。

我體諒姐姐工作遇上的困難，並細心解釋大bb出現這種反應的原因來自她的症狀，同時請她處理這種情況時可嘗試以下的方法。

其實認知障礙老友記的一大特色是「金魚記憶」，發生的事情只要隔了片刻，他們就忘記了。遇上老友記無緣無故地堅持一件事，如果我們和他們硬來，大家往往起爭執，老友記有可能因不安而動武。其實照顧者可以先安撫他們的情緒，分散他們的注意力，讓他們做一些喜歡做的事，例如請他們食零食，或讓他們看看電視。10分鐘後，再嘗試邀請他們做本來安排好的事，譬如洗澡。很可能他們的態度完全改變了，局勢就緩和了，亦避免了不必要的對峙和不高興情緒（雖然多數情況下只有照顧者記得事件）。

後來姐姐運用了以上方法，果然見效。姐姐現在更懂得留意大bb的心情與情緒，然後才安排她的照顧工作。

面盲

大bb確診為認知障礙症患者後，我最擔心的一件事是，終有一天她不再認得我。

我們同住，經常互動，慶幸到現在她仍認得我這個外孫女，只有偶爾一、兩次，她叫不出我的名字，又或是不太能認出我是誰。

連每天見面的我都踫到這種情景，對於那些長居國外的親友們，或是不常見的朋友換了新形象，大bb更加認不出來，大bb曾對一個來訪親友說：「這位很像我的某某人。」沒有被大bb認出來，親友當下心情一點都不好受。

於是，我們嘗試和她進行「懷緬治療」。「懷緬治療」是一種記憶訓練方法，可以透過與患者一起重溫老照片、講故事、談往事等等活動來勾起老友記的記憶，藉以延長記憶的時間。

我們一家每隔一段時間就會和大bb一起看照片和講故事。我們準備短期內和大bb一起做「生命故事冊」，懷緬過去。

失禁

幾年前開始，大bb失禁情況越來越嚴重，起初只是晚上睡覺時穿着尿片，後來退化至日夜都需要使用不同的失禁護理產品。

使用日間中心後，注意到大bb在中心時使用這些產品的數量少很多，向中心職員請教，原來他們進行如廁訓練，即按時鼓勵和協助老友記上廁所，而不是長時間依賴失禁用品。我們回家也嘗試這個訓練，效果非常理想！有些身體的基本機能即使衰退了，在照顧者協助下，原來可以逆轉與進步。

大bb不太懂得表達，很多時候身體不舒服亦未能告訴我們。幸運地，我們有一位超級細心的姐姐，她人很好，懂得觀察大bb的排便狀況，也記錄每天產品用量，我們更加容易掌握大bb 的身體狀況，配合食療，希望大bb將會更加健康。

聽障——音量100度

幾年前，我們開始正視大bb的聽力問題。她經常把電視音量調較到最高，我們一家人和鄰居都耳根受罪，我們調低音量，她又會不開心，發脾氣。

聽力檢測結果證實，大bb只餘下三成聽覺能力，我們為她配備了入耳式助聽器。可能由於儀器頂着她的耳朵讓她感覺不舒服，而且也出現訊號干擾，過了幾天，他再也不肯配戴了。

我們和聽力中心的職員反映，他們人很好，願意為我們更換一個藍牙擴音器。這種擴音器正好配合我們需要，大bb主要用它來聽電視，帶上耳筒後，電視聲浪多大也不再影響我們了。有時候，親友和大bb視像通訊，她可以用這個藍牙擴音器聽他們說話，也因此比較願意傾談久一點。

很多老友記抗拒前往聽力中心進行聽力測試，因而未能得到一些比較好的解決方案。其實除了聽力中心外，近年已有一些眼鏡店替客人驗眼之餘，也提供聽力測試，這種服務實在太好了！大家帶老友記驗眼的時候，也順道檢查一下聽力。

另外，對於同樣是補助老友記身體機能缺損的工具，我個人有個疑問，為甚麼老友記配眼鏡可以使用醫療券，但配助聽器卻不可以呢！？ 真是匪夷所思！

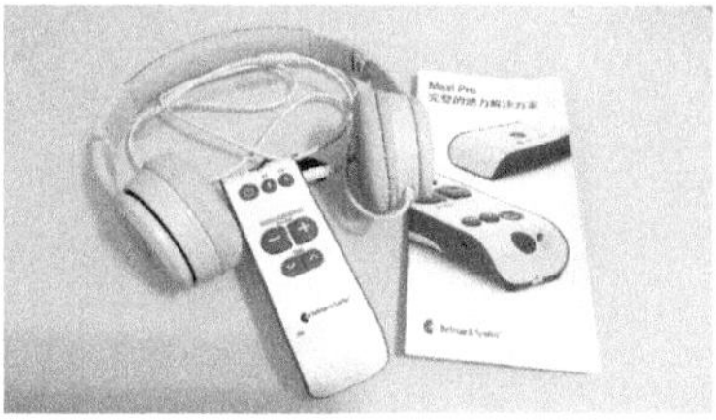

妄想

認知障礙老友記出現妄想的程度可以很嚴重，當中包括出現幻象和幻聽。這方面，大bb不算太嚴重，只是曾經好幾次很認真地編造了一些關於我們的故事，令人啼笑皆非，我們聽完了笑笑就算，正如一位照顧者前輩分享的心得「認真你便輸了」。

空間感

認知障礙老友記對於深顏色所產生的距離感與一般人有別，他們誤以為深色處是一個窟窿而不安。一位同路人父親，有一次在路上看見一張深紫色地磚貼，他誤以為是一個黑色的洞，要繞道而行。所以，我們在日常家居擺設方面，以及安全設施選用上，都要多加注意。

簡而清

早前到訪一個認知障礙友善家居展館，從展品中了解到，我們常用家電的操作面板，例如遙控器、洗衣機按鈕等等，在認知障礙老友記眼中是非常複雜的物件，應對方法是遮蓋某些不常用的按鈕，減少複雜和混亂，讓老友記更容易掌握操作方法，自主生活。

事故／健康紀錄

日常生活中，大bb不定時地給予我們一些「驚喜」或「驚嚇」，有時候即使事故不是很嚴重，但也要立即帶她看醫生，問症時，我們卻把發生事故的過程和細節忘得一乾二淨了！為此，我們養成一個習慣，把一些特別的事故和健康狀況寫在記事簿上做紀錄，列出事件發生「之前」、「當刻」，及「之後」的情形，以備日後見醫生時，可以更詳盡陳述事件，有需要的話也會拍下照片和短片，提供醫生參考，大部分醫生都表示這些紀錄很有幫助。

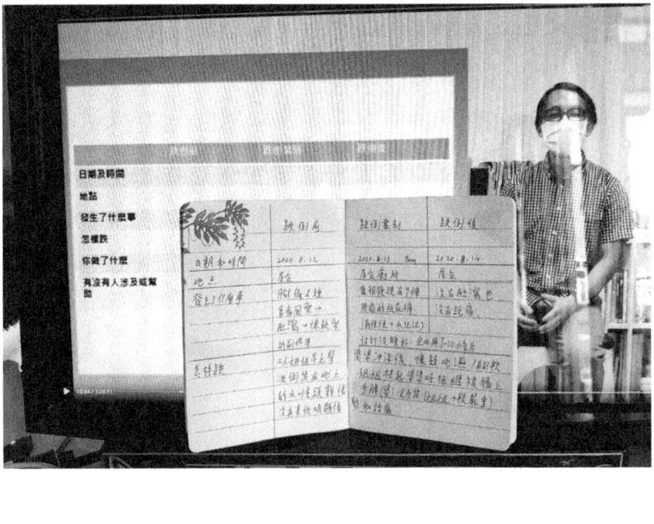

Eldpathy
文文婆婆的體驗

人老了是怎麼樣的呢？早前有機會參加一個活動，穿上特別設計的體驗衣裝，化身「文文婆婆」，體驗一下老友記在身體機能退化之後，他們要面對的身心困難與感覺。

穿上體驗衣後，我感到腰部不能挺直，雙腳無力，上下樓梯非常困難，內心不安，有義工從旁提供協助，嘗試以我感覺較好的姿勢攙扶我，不過我發現自己有一種「不想麻煩其他人」的想法，所以寧願自己一步一步地，慢慢地努力向前行......

活動進行中，我不停問為甚麼，為甚麼楷梯這麼高？為甚麼拐杖不斷倒下來？為甚麼洗手液哪麼遠？為甚麼廁紙掛這麼高？為甚麼自己站不起來？為甚麼看不清楚這些字？為甚麼我的手不能使力夾食物？

活動完畢，感受很深。上廁所是一個非常大的考驗，包括設備的擺放位置，拐杖成為障礙物，自己穿褲子都有困難。除此之外，也試用了傷殘人士廁所的設施，發現原來當我們身體虛弱時，連利用扶手站起來也非常吃力......

體驗重溫 (1)

體驗重溫 (2)

雙手的機能如果衰退到使不出力的時候，很多簡單動作都做不來，基本動作例如用筷子夾食物，也是一個大挑戰。體驗過後，更能體諒每一位老友記長期面對的困難與不安，希望日後可以多做一點事情，讓他們更舒適地生活。

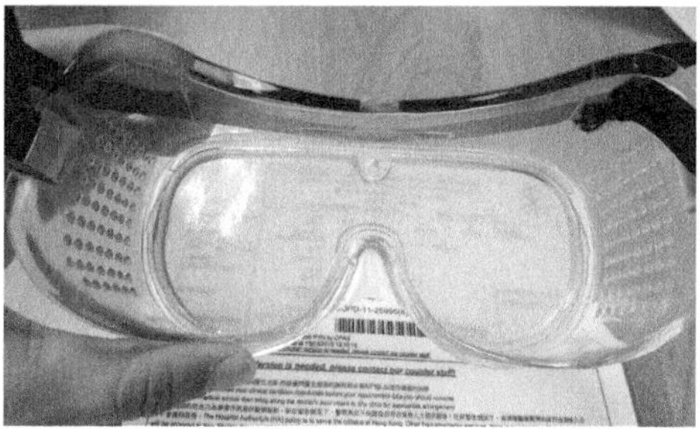

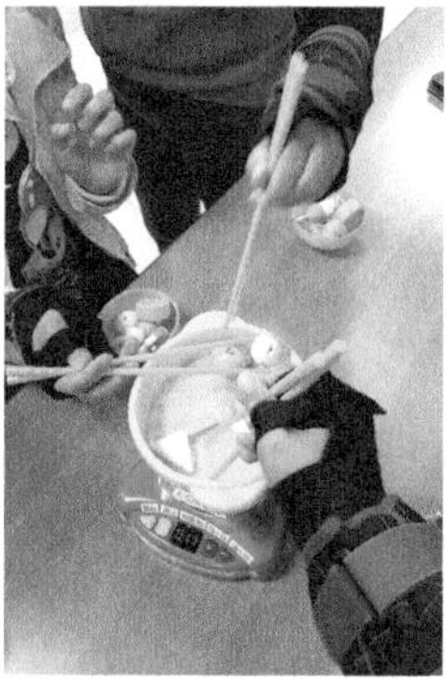

全港首創「高齡模擬體驗衣」活動感同身受、長幼共融、共建長者友善社區

體驗重溫 (3)

歷耆者

樂齡科技

樂齡科技日新月異，近年不同機構都引入了外國的樂齡科技產品，亦設置展館增加大家對這些產品的了解，更提供租賃服務，希望協助改善長者的家居環境，提升他們的生活質素，從而達致「居家安老」的目標。參觀了幾個展示中心，每次都有新驚喜，我們有信心可以照顧好大bb，使她的居家生活更有質素、更有安排。

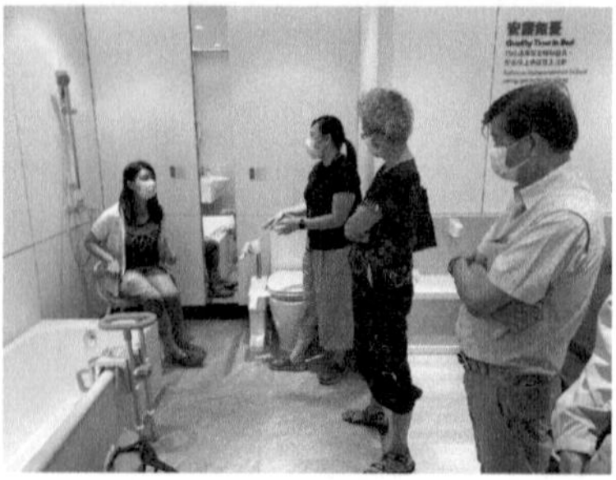

參觀詳情回顧

賽馬會「a 家」樂齡科技教育及租賃服務是一項為長者及照顧者提供一站式服務的試驗計劃，旨在加強大眾對樂齡科技的認識和應用，從而提升居家安老的條件和能力。

賽馬會「a 家」
樂齡科技教育及租賃服務

中心內有過百項樂齡科技產品及設備，亦設有模擬長者所需的長者友善示範單位，諮詢室有專業人員評估長者身體狀況，又有虛擬實境遊戲 V R、A R，了解長者的生活習慣 。

房協長者安居資源中心
樂齡家居

探知館展示適合認知障礙症人士的輔助工具、科技產品及家居改裝建議，提升他們的生活質素，並減輕護老者的壓力。

「智友善」家居探知館

作為一所社企、合作平台及體驗工作室，The Project Futurus 以探索老齡化未來為宗旨，致力推廣樂齡社會模式，讓長者能夠快樂地生活。

The Project Futurus

非藥物治療

雖然認知障礙是一個不能逆轉的狀況，但如果患者症狀過於影響起居生活，醫生一般都會建議患者服用藥物以控制情緒和精神狀況。大bb的狀況尚好，所以我們並無採用藥物治療，也有資料顯示不同的非藥物治療方法，可以有效地幫助他們延緩退化，我們一家人都偏向推崇這個方向，包括家人支援、訓練活動、食療、針灸和香薰治療等等。

護齒

近日收到同路人溫馨提示，要我注意為大bb護齒，並告訴我他媽媽稍早發生了不愉快的口腔問題。牙齒出現了問題，認知障礙老友記不懂表達，照顧者發現時已經太遲，帶他們看牙科醫生，又未能乖乖地配合牙科診治，以往很多牙醫都不願意接收認知障礙病人。

近日發現原來本地也有良心牙科診所，感恩有這些診所專門為認知障礙患者，以及有需要人士提供牙科服務，希望患者能夠自我保持衛生，以減慢認知障礙症惡化，同時有助身體健康，提升生活素質。

賽馬會智齒保健計劃

第五章

我都做得到——自立支援照顧

我們一家向來推崇「自立支援照顧」，所以在照顧大bb方面，我們盡量耐心地鼓勵她，她有能力自己做到的事，我們盡量讓她自己做，舉個例：大bb換衣服。由我們替她處理的話，可能只需三分鐘；由大bb主導自行揀選衣物、自己更衣和整理衣裝的話，整個過程可能需時十分鐘。雖然時間多了，卻有助維護大bb的基本生存權利和尊嚴，這點我們可以做得到。

而尿片方面，我們每隔一個多小時提醒及協助大bb上廁所，盡可能避免她過度依賴尿片。

「自立支援照顧模式」基本理念:

- *零約束、零臥床、零尿片*
- *協助長輩提升自主生活能力，減輕照顧負擔*
- *盡可能發揮長者最大能力，過自己喜歡的生活*
- *以長者想過的生活和進行的日常活動，作為照顧、治療和提升自顧能力的方向和目的*

*資料來源：基督教家庭服務中心

鐵樹銀花成立於2018年，是一間香港社會企業。我們的願景，是以不同方式，將日本的「介護福祉」理念（我們稱為「照護」）融入香港，創造一個讓長者能自主安心地生活的社區，並活出自己，互相照亮。

鐵樹銀花

設計及生產長者及殘疾人士康健服裝，將愛與尊重融入特製衣物設計，讓社會上被忽視的一群得到每個人應有的尊嚴與希望。

睿程

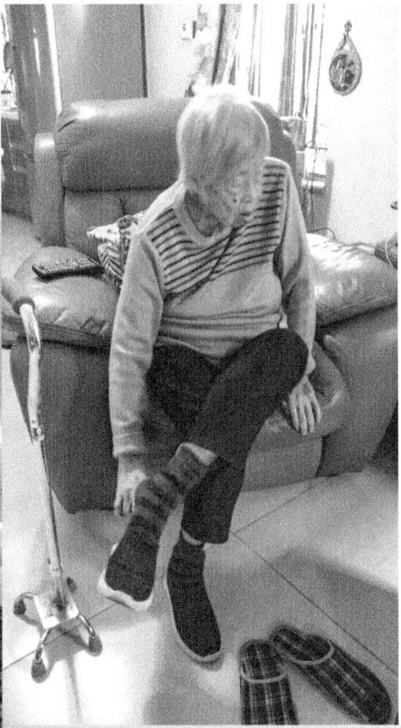

飯廳
客廳
走廊

APRIL
28

第六章

守護支援者——照顧計劃

同行者

回想做資料搜集初期，身邊並無親友具有這方面的相關經驗，沒有可以請教的人，毫無頭緒，很徬徨。

慶幸後來在「大銀」每月舉辦的照顧者分享活動中，認識了不同背景的同路人與前輩照顧者，大家都願意和我這個初哥分享經驗，感恩。 自此，我的心比較踏實了，因為我身邊有很多人一起同行，自己並不是alone......

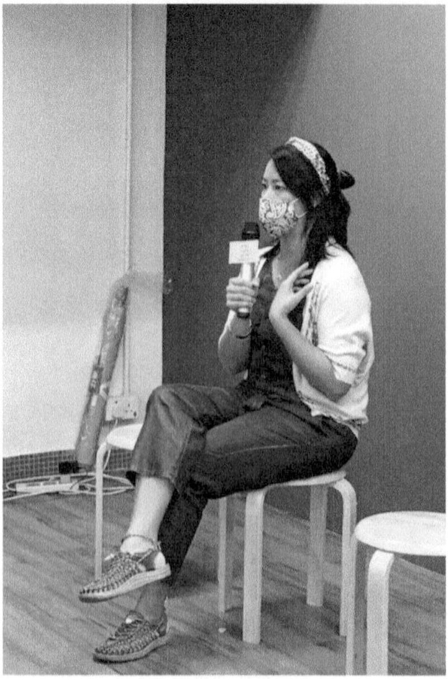

相片鳴謝：656 照顧者好幫搜

社區支援——別怕，說出來

在某個分享場合，有參加者問我，為甚麼可以這樣坦然，公開和大家分享家人患有認知障礙症這種事，我時的回應是：「why not？」。不少照顧者家庭仍然受制於傳統觀念，覺得患有認知障礙是一件難以接受和啟齒的事，亦覺得「家醜不外傳」，結果往往把自己所面對的困難藏起，錯失社會支援的機會。希望大家明白，患有認知障礙症其實是很普遍的事，社區也有很多優良的服務支援照顧者。市民大眾如能多理解認知障礙症這種疾病，絕對能幫助我們一起建造一個認知障礙友善社區。

家人支援／替假／後備照顧者

我們一家人能夠互相照顧和補位，感恩。外國有句諺語「養育一個小朋友要結合一條村的力量」，要照顧好一位老友記更是有過之而無不及。小朋友不斷成長和進步，而老友記好大機會只會每況愈下，照顧者這個角色可能一做就要做十年或以上，所以制定照顧計劃時，最好一家人一起商量和分工，避免把所有壓力和負擔全部放在某一位照顧者身上，建議安排後備照顧者，讓大家也可以「抖抖氣」。

家傭姐姐

家傭姐姐是我們照顧者家庭不可或缺的重要角色，一般來說，她們上任時，對於護老的知識非常有限，尤其是照顧認知障礙老友記，需要面對不同狀況與困難，所以作為僱主的我們，更加需要為姐姐提供在職訓練。

社署在不同地區都有舉辦免費的外傭護老培訓計劃，以加強外傭照顧體弱長者的技巧，提高長者在社區的生活質素，支援長者「居家安老」。香港紅十字會亦有家庭傭工急救課程提供。慶幸姐姐完成護老培訓計劃，在大bb發生意外時能不慌不亂地按安全程序去妥善處理。

社署 – 外傭護老培訓計劃

香港紅十字會
家庭傭工急救課程

相片鳴謝：656 照顧者好幫搜

社區與網上支援

香港各大 NGO、津助、私營機構都有不少優質服務，不過，這些組織推行活動時，只在所屬範圍內宣傳，例如：中心告示板、網頁、社交媒體，試問作為一位在職照顧者，未認識服務單位之前，又怎能找到他們，提出查詢呢?

除了傳統服務機構外，近年增加了不同的網上資訊平台，專為較年輕和在職照顧者提供服務與支援，例如他們的地區資源地圖，這簡直是我的救星！可以一口氣知道區內有甚麼服務單位，以及合適的服務與聯絡資料。這些平台也有很多護老資訊與技巧分享，照顧者亦可參加活動與群組，認識多些同路人，一起分享和互相支持。過去幾年，對我們的幫助實在很大！

大銀 Big Silver. 2015年由記者陳曉蕾創辦，結合媒體及社會創新，關注人口高齡化，支援照顧者。

大銀

656照顧者好幫搜由傳統智慧「老吾老，以及人之老」出發，是一個專為護老者而設的資訊互動平台，提供全面簡明的照顧資訊，讓護老者能快捷找到適切的服務及實用知識。

656 照顧者好幫搜

認知障礙症照顧策劃師

認知障礙症照顧策劃師是近年一個新興專職崗位，由來自不同界別的專業人士擔任，包括醫護人員（例如護士、治療師）及社工等等。

他們首先全面評估照顧者需要，然後協助照顧者訂立目標，有系統地面對照顧上的挑戰。服務內容包括：認識認知障礙症、適應轉變、察覺危機、環境安排、病徵處理、認知訓練、長遠照護、情緒支援、壓力處理及社區資源介紹等等。

我們一家未有機會使用他們的服務，但相信對照顧者而言，可以節省很多資料搜集的時間，避免走那麼多冤枉路，不再徬徨。

朋輩工作者

除了業界同工之外，更加希望向大家介紹朋輩工作者，他們一般是資深或畢業照顧者(被照顧者已經離世)，除了專業知識外，亦可以用過來人身份分享個人經驗與資源訊息，使照顧者更容易得到共鳴與精神上的支援。

很多資深照顧者以義工身份在機構裏做協助工作，運用他們的能力和經驗，以一個朋輩工作者的身份服務和支援有需要人士，亦可減輕同工的工作壓力。

賽馬會友「伴」同盟
護老者支援計劃

第七章

認知障礙友善社區——總有一個在附近

患有認知障礙症的家庭，總有一個在附近！如果可以共建一個認知障礙友善社區，就可以減少很多悲劇發生。要共建一個認知障礙友善社區基本上分了以下三個範疇：

親友／鄰里

親友可以主動提出支援主要照顧者，就算付出短短一至兩個小時，上門負責看顧或陪伴，讓照顧者能「抖抖氣」，已經很有幫助！

街坊如果能具備一些認知障礙症基本認識，發現身邊有患者或照顧者需要協助時，例如發現遊走老友記，或需要臨時看顧之類，就能即時伸出援手。

商界

員工有照顧認知障礙家人的特別需要時，希望僱主能夠體恤。首先不要歧視照顧者這個身份，也不應漠視照顧者員工的工作能力，他們應有公平的晉升機會，同時在有需要時，希望僱主能提供彈性上班或在家工作的特別安排。

普羅大眾

首先，十多年前，「認知障礙症」已正式取代了具有貶義的「老人癡呆症」，希望大家不要再沿用這個舊名稱，事實上，這個疾病並不侷限於老人家，而這個病症的症狀不一定是又癡又呆。不少照顧者受到這個負面標籤影響，不願對外說出自己的狀況，未能接受適當支援，身心俱疲，最終壓力爆煲，導致悲劇發生。

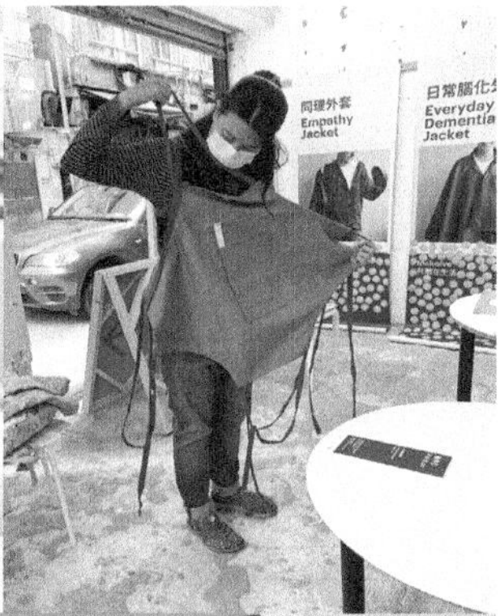
同理外套
Empathy Jacket
Everyday Dementia Jacket

擺個位
Set the table

同理外套
Empathy Jacket
日常腦化外套
Everyday Dementia Jacket
腦化圖象外套
Diagram Jacket
腦化唱名外套
Do-Re-Mi Jacket
平常外套
Everyday Jacket
Empathy
給予同理心
Inclusive
共融在生活
Problem Solving
解決問題

第八章

趁您還記得

婆婆：

多謝您！細個嘅時候，您係我嘅照顧者同埋守護天使，將我照顧得無微不至......

5個仔女同埋12個孫當中，咁多年來您都係最愛錫我......

到而家，縱使您好似變返小朋友咁，每日食飽屙瞓。為食嘅您經常會搶我嘅早餐；買點心同埋魚柳包比你食，您就已經好開心滿足。

做運動同埋認知訓練，您總係藉口多多唔合作......

身體機能亦開始衰退，食嘢要細細啖慢慢食，去廁所要人提醒，messy day高峰期，一日要換十幾條片片，messy boo boo 成為您嘅新朵......

您跌倒骨折，手術後要重新學點樣行路，我願意拖住您隻手一齊慢慢行，陪您做不倒翁......

雖然您成日都係金魚記憶，每日都問我哋同樣嘅問題，講嘢又冇限 loop， 我都會盡量好有耐性咁樣去聽，同埋回答您。

偶然會混淆同埋時空錯亂，甚至開始唔記得我哋，我都會隨時 standby，做您嘅時空伴遊，同埋後備腦袋......

以上一切，只因您係我最愛嘅大bb，您以前都係咁樣照顧我。

但願您每日健健康康，開開心心！

放心！我會繼續陪住您，係時候換我嚟照顧您！

我哋一齊，活好當下 。

永遠愛你嘅孫女
文文

我家有個大bb – 時空旅人的伴遊

(隔代照顧者防撞板秘笈)

作者：文文

編輯：阿豆

執行編輯：錢安男

排版及平面設計：Angie Ching

出版：

藍藍的天

香港九龍觀塘鯉魚門道2號新城工商中心212室

電話：(852) 2234 6424

傳真：(852) 2234 5410

電郵：info@bbluesky.com

發行：草田

網址：www.ggrassy.com

電郵：info@ggrassy.com

Facebook 專頁：https://www.facebook.com/ggrassy

出版日期：2021年7月第1次印刷

國際統一書號 ISBN：978-988-74912-3-1

定價：港幣98元